Ebenfalls von Valentin Nowotny

Agile Strukturen: Erfolgsmodelle der Zukunft

Der Meisterverhandler: Verhandeln 4.0

Agile Führung: Leadership 4.0

Inhaltsverzeichnis

Vorwort

Dieses Buch "Agile Tools, agile Praktiken" hilft Ihnen ganz pragmatisch in das agile Arbeiten einzusteigen.

Kapitel 1: Hier beleuchten wir, auf was bei den täglichen Meetings, kurz "Dailys" genannt, wirklich ankommt und wie Sie mit Retrospektiven dazu beitragen, dass die Teams sich weiterentwickeln.

Kapitel 2: Das Scrum Framework ist ein geniales Team-Lern-System, das komplett oder in Auszügen für viele Unternehmen Anwendung findet und das Thema "Kundennähe" sehr stark nach vorne bringt.

Kapitel 3: Der Charme von Kanban-Boards besteht darin, dass jedes Teammitglied zu jeder Zeit weiss, welche Arbeit ansteht und wo sich das Team gerade befindet.

Kapitel 4: Innovation im Kontext der Digitalisierung läßt sich mittels Design Thinking und Lean Startup sehr kokret in jedem Unternehmen umsetzen.

Kapitel 5: Hier finden Sie die wichtigsten agilen Werte und Prinzipien, die für das agile Arbeiten unerlässlich sind.

Wir wünschen Ihnen/Euch/Dir viel Spass bei Lesen!

Alexander Schaaf & Valentin Nowotny

Kapitel 1: Was bei Daily Standups und Retrospektiven wichtig ist

Daily Standups

Unterschätzten Sie Daily Standups nicht! Auch so hätte die Überschrift lauten können. Im folgenden werden Sie Dailys kennen und schätzen lernen. Und die Empfehlung geben wir Ihnen gleich vorweg: Nicht nur in komplexen oder dynamischen Umgebungen machen Dailys Sinn. Aber natürlich sind sie insbesondere dann hilfreich, wenn sich Rahmenparameter ständig verändern: Kunden, die Ihre Erwartungen ändern, Wettbewerber, die mit neuen Produkten auf den Markt kommen oder Technologien die plötzlich zur Verfügung stehen und vieles sehr schnell verändern können.

Wofür ist es da?

Ziel des täglich stattfindenden Rituals ist es, dass sich die Teammitglieder auf den neuesten Stand bringen. Das Daily dient im agilen Rahmenwerk Scrum übrigens auch dem Risikomanagement. Wie das? Nun, Missverständnisse und Engpässe können so frühzeitig erkannt und schnell korrigiert werden, das Risiko von Fehlentscheidungen wird so deutlich reduziert. Das Daily bildet hier gewissermaßen ein Scharnier, über das sehr schnell und sehr präzise Abhängigkeiten und Zusammenhänge erkannt werden können. Ein gemeinsames Bewusstsein entsteht.

Dailys finden - wie der Name schon sagt - täglich statt und die Teammitglieder bringen sich dabei auf den neuesten Stand. Das

Prinzip beruht auf einer ständigen und nicht abreißenden engen Abstimmung im Team*, *die das Risiko vermindert, das Einzelne oder gar das gesamte Team in die falsche Richtung laufen. Gerade in dem eingangs erwähnten dynamischen Umfeld, geht es darum Fehlentwicklungen frühstmöglich auf die Spur zu kommen. Alles andere kann teuer werden. Unter Umständen sogar sehr teuer.

Wie funktioniert's?

Drei Fragen pro Person, beantwortet in maximal 15 Minuten, so einfach geht das? Oder doch nicht? Das Daily beruht zunächst einmal auf einem wichtigen Prinzip, das so explizit gar keine Erwähnung in den agilen Prinzipien findet - dem Prinzip der "Ritualisierung". Was zunächst von den Team-Mitgliedern als "stringent" oder "unflexibel" wahrgenommen werden kann, ist die klare Time-Box und der starke Fokus auf das gegenseitige Abgleichen des Arbeitsstandes. So können sich alle nach einiger Zeit schnell an den Ablauf gewöhnen und das Ziel ist ein effizienter Ablauf der im gesteckten Zeitrahmen bleibt.

Das Daily folgt insgesamt fünf fest definierten Spielregeln:

(1) Eine feste maximal Dauer (engl. "Time-Box") von 15 Min., wobei das Daily im Stehen durchgeführt wird.

(2) Die Beantwortung von drei Fragen: a) Was habe ich seit gestern erledigt? b) Was habe ich heute noch vor? c) Was konnte ich nicht umsetzen? bzw. Wo benötige ich Hilfe? bzw. Welche Hindernisse haben sich ergeben?

(3) Ein Moderations-Ball oder ähnlich (z.B. auch ein Tennis- oder Jonglierball): Das hilft dabei, die Redebeiträge zu organisieren, denn derjenige, der den Ball hat, der darf auch sprechen. Wenn er/sie fertig ist, wird der Ball einfach weitergegeben bzw. weitergeworfen.

(4) Ein Taskboard: hiermit wird der Stand der Arbeit in einer Kanban-Logik visualisiert (wir kommen in Kapitel 3 noch genauer

drauf zu sprechen).

(5) Die Vorbereitung: Es wird erwartet, dass jeder kompetent Auskunft geben kann, alle Mitglieder des Teams haben sich also - zumindest gedanklich - auf das Daily vorzubereiten.

Die angesprochenen Spielregeln können von Team zu Team variieren - auf Basis der Scrum Theorie hat sich eine maximale Dauer von 15 Minuten bewährt. Allerdings gilt es, die Anzahl der Teammitglieder zu berücksichtigen. Ein Scrum Team hat in der Regel 7 +/- 2 Teammitglieder. Hier kann man sich schnell ausrechnen, wieviel Zeit da für jeden Einzelnen bleibt, konkret sind das nämlich in der Regel nicht mehr als zwei bis drei Minuten, und wie kurz man sich daher bei der Vorstellung der eigenen Ergebnisse bzw. Hindernisse fassen muss. Ausnahmen gibt es immer - es lohnt sich aber über diese "hinwegzukommen". Auf kurz oder lang gelingt es jedem Team, das sich darum ersthaft bemüht, sich auf die maximalen 15 Minuten einschießen.

Warum mach man ein Daily im stehen? Die kürzesten Antworten sind oft die besten: Haben Sie Lust länger als 15 Minuten zu stehen? Na also, das Stehen hat also einen sehr praktischen Effekt: es verkürzt automatisch das Meeting auf die gewünschten maximal 15 Minuten. Zudem, auch das sollten wir natürlich erwähnen, ist das Daily auch deswegen so effektiv, weil im Sinne der "Körpersprache" der gesamte Körper (mit-)spricht. So teil sich vieles in gewisser weise sehr umfassend in einem sehr kurzen Zeitumfang mit. Für alle sichtbar, jederzeit präsent.

Aus Sicht eines Teammitglieds

Teammitglied Erik (der Name ist rein zufällig gewählt) ist um 8 Uhr im Büro. Er beginnt sein Tag mit einer kurzen Reflexion über seine Aufgaben und bereitet sich auf das Daily vor. Dazu kalkuliert er 15 Minuten ein. Schon alleine, um sich in der Kürze der zur Verfügung stehenden Zeit auf das Wichtigste zu fokussieren. Um 8.45 Uhr beginnt normalerweise das Daily - die meisten sind dann bereits 2 bis 3 Minuten vorher da und versammeln sich vor dem Taskboard.

Aus Sicht des Scrum Masters

Der Scrum Master hat dafür zu sorgen, dass das Daily stattfindet. Seine Anwesenheit in persona ist also gar nicht das entscheidende. Vielmehr muss der Scrum Master sicherstellen, dass das Team die Regeln einhält. Jeder spricht von sich, keine Vorwürfe oder ähnliches. Untertöne sollte der Scrum Master auf jeden Fall hören und dann im Nachgang auf dialogische Art und Weise aufgreifen. Dauerhaft führen Misstöne im Daily zu einem Absturz der Teamstimmung. Dies gilt es frühzeitig zu erkennen und professionell zu adressieren.

Aus Sicht des Product Owners

Auch der Product Owner ist nicht zwingend bei jedem Daily anwesend, dennoch ist auch für ihn wichtig, dass sich die Teammitglieder über den Stand der Arbeit austauschen. Wird während eines Dailys klar, dass das Sprint-Ziel gefährdet ist (hierzu mehr in Kapitel 2), dann ist der Product Owner unverzüglich zu informieren. Je weniger Zeit in einem solchen Fall verstreicht, desto besser. Auch so wird das Risiko von kostspieligen Fehlentwicklungen minimiert.

Auf was ist beim Daily sonst noch zu achten?

Das Ziel des Daily ist es, in möglichst kurzer Zeit die anderen über den eigenen Arbeitsstand zu informieren. Das scheint simpel. Ist es im Prinzip auch, dennoch kann auch im Daily viel schief gehen und es können sich - ähnlich wie bei der Nutzung von Sportgeräten - Fehlhaltungen entstehen, wenn man es nicht von Anfang an richtig macht.

Achten Sie darauf, dass die oben genannten fünf Spielregeln strikt eingehalten werden. Sollten Sie darüber hinaus noch andere Dinge hinzufügen, die das Ziel des schnellen Informationsaustausches unterstützen, dann nur zu. Denn auch ein klassisches Daily läßt sich sicherlich immer noch verbessern und auch an Ihr Unternehmen und Ihre spezifischen Gegebenheiten anpassen.

Wer ist beteiligt, wer nicht?

Beteiligt sind immer die Teammitglieder. Der Scrum Master und der Product Owner nehmen nur optional hieran teil wenn es zeitlich und inhaltlich Sinn macht.

Welche Materialien empfehlen wir? Welche nicht?

Durchaus empfehlenswert sind:

* Post-its, Stifte,

* ein TaskBoard,

* ein Moderations-/Tennis- oder Jonglier-Ball,

* ein Poster oder Flipchart, auf denen gut sichtbar die Spielregeln zu erkennen sind.

Weniger empfehlenswert sind hingegen:

* Tische und Stühle, diese bitte möglichst vom Daily fern halten!

* Schlechte Laune (und schlechtes Wetter ;-) !

Retrospektiven

Die Kunst der Retrospektive besteht in einem fokussierten Rückblick verbunden mit einer klaren Handlungsentscheidung, die mit den folgenden Fragen verbunden ist: Was werden wir zukünftig verbessern, was war gut und sollten wir beibehalten, was sollten wir möglichst schnell abstellen, was haben wir gelernt? Wie wir an dieser Stelle schon sehen können, sind Retrospektiven mehrdimensional und das Prinzip der kontinuierlichen Verbesserung greift hier auch und funktioniert durch die Regelmäßigkeit sehr gut in Scrum.

Wofür ist es da?

Die Retrospektive in eine Art institutionalisierter Lernprozess, je nach spezifischer Ausgestaltung einmal Analyse der bisherigen Prozesse, zum anderen eine Chance für Abstand und Psychohygiene im Team. Gerade nach einem Review, also der regelmäßigen Präsentation von Zwischenergebnissen an den internen oder externen Kunden, macht es Sinn im Team darüber nachzudenken, was im positiven Sinne ein Erfolgstreiber war, und was im negativen Sinne ursächlich für einen Misserfolg gewesen sein könnte. Die "Retro" ist also eine regelmäßig stattfindende Team-Reflexion mit sehr konkreten Ergebnissen!

Wie macht man das?

Mit dem Prinzip "Inspect and adapt" schaut das Team ganz konkret einen bestimmten Sachverhalt genauer an. Das können fachliche Themen sein, genau kann es sich jedoch auch um Fragen der Kommunikation im Team oder ähnliches handeln. Moderiert wird die Retrospektive in der Regel vom Scrum oder Agility Master.

Auf was kommt es an?

Die Retrospektive solle dabei mit Fingerspitzengefühl moderiert werden. Nicht zu seicht an der Oberfläche, dann wäre sie unwirksam und nicht zu tief schürfend, denn dann wäre sie lähmend. Auf die richtige Balance kommt es an, und auf eine Methodik die für alle Beteiligten verständlich und motivierend ist, gleichzeitig jedoch auch zu verwertbaren Erkenntnissen führt.

Literatur-Tipps

Darstellungen zu Dailys und Retrospektiven, die über dieses Kapitel hinausgehen, finden sich bei Nowotny (2016) sowie bei Andresen (2013).

Kapitel 2: Das Scrum-Framwork als geniales Team-Lern-System

Die drei zentralen Ebenen von Scrum

Rollen

Scrum hat drei zentrale Rollen: (1) den Product Owner, (2) den Scrum Master und (3) das Entwicklungsteam. Alle drei Rollen ergänzen sich und das Scrum-Team ist so in der Lage, sich auf sehr unterschiedliche Situationen einzustellen. Einen Projektleiter kennt Scrum nicht.

Um das WAS sowie die Priorisierung kümmert sich der Product Owner. Für den PROZESS ist der Scrum Master verantwortlich. Das Entwicklungsteam bestimmt dann, WIE die Anforderungen im Detail umgesetzt werden und in welchem Umfang das in jedem konkreten Sprint möglich ist.

Artefakte

Hilfreich für die Selbstorganisation eines Scrum-Teams sind die sogenannten Artefakte. Wichtig ist z.B. das Burndown-Chart. Hieran erkennt das Entwicklungsteam, wie schnell es vorankommt. Wichtig ist zudem das sogenannte Product Backlog und das Sprint Backlog. Unter dem Product Backlog wird die Sammlung aller künftigen Anforderungen verstanden. Es wird vom Product Owner gepflegt. Das Sprint Backlog enthält alle Aufgaben für den konkreten Sprint und wird vom Entwicklungsteam gepflegt und in der Regel täglich im Daily Standup auf dem Scrumboard visualisiert.

Events

Wichtige Events sind: (1) das Planning-Meeting, (2) das Daily-Standup, (3) der Review und (4) die Retrospektive. Das Daily Standup und die Retrospektiven haben wir bereits in Kapitel 1 ausführlich beschrieben. Dennoch der Vollständigkeit halber hier noch eine kurze Beschreiben aller vier Meeting-Formate.

(1) Planning-Meeting

Das Planning Meeting dient der Einschätzung der Komplexität der anstehenden Aufgaben. Hierzu kommt in der Regel das Planning Poker oder neuerdings auch die Magic Estimation in Frage.

Mit Planning Poker versucht das Team, die Komplexität der anstehenden Aufgaben zu erfassen. Im Planning Poker schätzt das Team im "Konsens" (jeder muss zustimmen) oder auch im im Falle der Magig Estimation im "Konsent" (es reicht, wenn keiner etwas dagegen sagt), wie umfangreich die anstehenden Arbeiten sind. Die "Währung" hierfür sind die sogenannten Story Points. Ein Scrum Team lernt mit der Zeit wie viele Story Points es z.B. in einem zweiwöchigen Sprint bewältigen kann und hat so ein Kriterium, um zu entscheiden, wie viele Aufgaben in den anstehenden Sprint übernommen werden.

(2) Daily Standup-Meeting

Im Daily Standup tauscht sich das Team über die anstehenden Aufgaben aus. Es werden reihum und im Stehen drei Fragen beantwortet: 1. Was habe ich in den letzten 24 Stunden gemacht? 2. Was möchte ich in den nächsten 24 Stunden machen? 3. An welchen Stellen hänge ich gerade fest bzw. wo gibt es Hindernisse, die beseitigt werden sollten?

(3) Review-Meeting

Im Review wird das jeweilige Produkt-Inkremten dem Product Owner sowie den internen und ggf. auch externen Stakeholdern vorgestellt. Aus diesem Meeting werden neue Erkenntnisse gezogen, wie das Ergebnis für den Kunden weiter zu verbessern ist. Außerdem erhalten die Kunden Hinweise, wie ihr Produkt konkret beschaffen sein wird und können zu künftige Funktionalitäten weiter spezifizieren. Alle zusätzlichen Anforderungen werden von dem Product Owner in den Product Backlog übernommen.

(4) Retrospektive-Meeting

Die Retrospektive ist ein Rückblick des gesamten Teams auf den kompletten Sprint. Was können oder müssen wir anders machen? Das kann sich auf die Kommunikation im Team oder auch auf fachliche Fragen beziehen. Ziel der Retrospektive ist es mit geeigneten Methoden ein gutes Bild des zurückliegenden Zeitabschnitts zu bekommen und dann ein Thema gezielt herauszugreifen, dieses umfassend zu beleuchten und dann gemeinsam eine Entscheidung zu treffen, was genau im nächsten Sprint anders laufen wird. Qualität geht hier vor Quantität, wichtig ist jedoch, dass immer mindestens ein konkretes Thema angegangen wird.

Vor- und Nachteile von Scrum

Die Vorteile von Scrum

* Scrum ist mit Sicherheit das am besten ausdifferenzierte agile Framework mit einer sehr hohen internationalen Verbreitung.

* Es gibt inzwischen für alle Rollen (Scrum Master, Product Owner, Entwicklerteam) Zertifizierungsmöglichkeiten (z.B. bei Scrum.org oder über Scrumalliance.org).

* Die Zertifizierungen stellen sicher, dass Scrum als Werthaltung und als Arbeitsrahmen tatsächlich verinnerlich wurde. Es existiert

somit ein - uch international verbindlicher und vergleichbarer Standard.

In Kapitel 5 finden Sie weitere Ausführungen zu der Frage, über welche agilen Kompetenzen ein Scrum Master, ein Product Owner und ein Mitglieder des Entwicklungsteam haben sollte.

Die Nachteile von Scrum

* Hoher Aufwand zum Zeitpunkt der Implementierung. Anders als Kanban, das sich als evolutionäres Vorgehen versteht, hat Scrum tatsächlich in manchen Punkten etwas von einer Revolution, da zum Beispiel die Scrum-Rollen komplett neu gedacht werden und oft mit tradierten Rollen, wie z.B. der des Projektleiters, nicht kompatibel sind.

* Zeitdruck durch die Sprint-Logik, hier kann sich bei einer nicht optimalen Implementierung auch mit der Zeit durchaus eine gewisse "Sprint-Müdigkeit" bei den Teams ergeben, wenn keine Gegenmaßnahmen ergriffen werden.

* Für "Neulinge" in der agilen Welt gibt es viele Aspekte bei Scrum, die zu einer Überforderung führen können. Gerade hierzulande klingen zudem viele Begriffe recht fremd ("Sprint Backlog", "Backlog Grooming", etc.) und sind daher gewöhnungsbedürftig bzw. müssen zuweilen erst mühsam erlernt werden.

* Viele der derzeit angebotenen anspruchsvollen Zertifizierungen, insbesondere die von von Scrum.org, sind zur Zeit ausschließlich in englischer Sprache verfügbar und setzen daher neben den Fachkenntnissen in jedem Fall auch sehr gute englische Sprachkenntnisse voraus. In einigen Brachen wie IT- oder Unternehmensberatung stellt das in aller Regel kein Problem dar, da hier ohnehin viel in Englisch gemacht wird, in anderen traditionelleren Branchen sieht's da manchmal jedoch ganz anders aus.

Agile Skalierungs-Verfahren

Wenn Sie Scrum in einem größeren Rahmen denken möchten und mehrere Teams haben, die ein gemeinsames Projekt erfolgreich machen möchten, dann empfiehlt es sich, über das Thema Skalierung nachzudenken.

Scaled Professional Scrum (SPS) mit Nexus

Dieser von Ken Schwaber und andern entwickelte Ansatz hat zur Grundidee, dass in jedem Sprint von 3 bis 9 Teams ein integriertes Produkt-Inkrement erzeugt wird und auch im Review dann dem Kunden vorgestellt wird. Ein "Integration-Team" stellt sicher, dass eventuelle Integrationsprobleme frühzeitig adressiert und im Laufe des Sprints gelöst werden.

Large Scaled Scrum (LeSS)

LeSS steht für "Large Scaled Scrum" und basiert auf Denkmodellen und Theorien aus dem Lean-Umfeld, auf systemischem Denken sowie auf theoretischen Modellen wie z.B. der Warteschlangen-Theorie. Neben *LeSS* gibt es auch *LeSS Huge*, das sich für auch bei einer zweistelligen Anzahl von Teams einsetzen läßt.

Weitere Ansätze

Weiterhin einschlägig sind *Scaled Agile Framework *(SAFe), *Agile Lean Development* (ScALeD) und das sogenannte *Spotify-Modell*, das noch einmal eine ganz eigene Terminologie verwendet. Näheres hierzu findet sich in dem Buch "Agile Strukturen: Erfolgsmodelle der Zukunft" (Nowotny, 2017), eine Einschau in die Welt der agilen Skalierung in dem Buch "Think big" (Gloger, 2017).

Literatur-Tipps

Darstellungen zu Scrum, die über dieses Kapitel hinausgehen, finden sich bei Nowotny (2016) sowie bei Gloger (2013).

Kapitel 3: Der Charme von Kanban-Boards - wie es funktioniert

Kanban-Boards gab es lange Jahre nur in der Produktion, in den administrativen Bereichen der Unternehmen waren sie hingegen nur sehr selten anzutreffen. Das verändert sich inzwischen sehr stark und es gibt aus unserer Sicht inzwischen keinen Grund, Kanban auch etwa in klassischen Service-Abteilungen wie Recht, HR, Marketing, etc. nicht einzusetzen.

Der Nutzen von Kanban

Dabei hat Kanban unschlagbar viele Vorteile, hier finden Sie die wichtigsten:

* tägliche Verbesserungen in allen Bereichen eines Unternehmens,

* jede Verschwendung von Material, Zeit und Geld vermeiden,

* alle nachgelagerten Prozessschritte als Kunden betrachten und daraufhin die Leistungen verbessern,

* Verbesserungen sind immer möglich, es gibt kein Ende,

* ständige Verbesserungen erfolgen im Kleinen und schrittweise,

* keine Beschränkungen in Bezug auf den Anwendungsbereich; Produkte, Services, Prozesse, Tätigkeiten, Technik, Arbeitsplatz – alles kann verbessert werden,

* unterschiedliche Methoden und Werkzeuge werden eingesetzt, entscheidend ist die Wirkung, nicht die Vorgehensweise,

* Arbeitsplätze, Arbeitsbereiche und die Situation werden „vor Ort“ betrachtet, die Dinge werden live angeschaut und analysiert,

* mit ständigen Verbesserungen werden immer höhere Standards gesetzt und zur Regel gemacht.

Kanban hat japanische Ursprünge

Kanban kommt aus dem japanischen und bedeutet Signalkarte Das Team trifft sich im Daily Kanban Meeting und aktualisiert den Fortschritt am Kanban Board. Erfolgreich ist ein Team in der Kanban-Logik vor allem dann, wenn der *Durchsatz* steigt. Der Durchsatz ist definiert als die durchschnittliche Anzahl an Aufgaben, die das Kanban-System innerhalb eines definierten Zeitintervalls verlassen. Eine für die Optimierung eines Kanban Boards geeignete Metrik ist z.B. die Lead-Time, welche den Zeitraum einer Karte von der Input Queue bis zur Output Queue misst.

Die Warteschlangentheorie sagt, dass die Geschwindigkeit von Netzwerken drastisch abnimmt, sobald die Auslastung über 80% ansteigt. Also ist es auf den zweiten Blick naheliegend, die Zahl der gleichzeitig bearbeiteten Aufgaben zu begrenzen. Ein sehr wirksames Mittel hierfür ist das sogenannte *WiP-Limit.*

Den Work in Progress limitieren

WiP ist die Abkürzung für *Work in Progress* und bezeichnet damit die Anzahl an Aufgaben, die gleichzeitig begonnen wurden und sich innerhalb eines definierten Zeitraums innerhalb des Workflows befinden. Das sogenannte WiP-Limit begrenzt diese, z.B. auf eine gleichzeitig bearbeitete Aufgabe pro Person oder z.B. drei gleichzeitig bearbeitete Aufgaben pro Team.

Mit Hilfe von zusammenhängenden Nutzerstories wird idealerweise eine maximaler Kundenwert generiert, der in einer Kanban-Logik dann auch kontinuierlich ausgeliefert wird. Bei Kanban wird nicht der oder die Mitarbeitende/r gemanaged, sondern vielmehr die Arbeit selbst: „Don't manage the worker, manage the work" heißt es auch Englisch sehr eingängig. Das übergreifende Motto von Kanban lautet: „Stop starting, start finishing".

Auch bei Kanban ist es hilfreich, dass das Team regelmäßig ein Retrospektive durchführt, um Verbesserungen zu identifizieren und die die Arbeit im Sinne eines evolutionären Changes noch besser zu organisieren.

Auch ein Daily Standup unterstützt den Informationsfluss, die Aktualität des Boards und den Transparenz-Gedanken: jeder weiss zu jederzeit was gerade in Arbeit ist und wo gegebenenfalls Engpässe bestehen und kann dazu beitragen, diese zu beseitigen.

Das physikalische Board

Vieles spricht dafür, in einem Team erst einmal mit einen klassischen physikalischen Board zu arbeiten. Dies ist sehr viel transparenter und hat zudem einen gewissen Aufforderungscharakter: Jeder, der daran vorbeiläuft wird sich fragen, ob es tatsächlich aktuell ist und im Zweifel eine Karte umhängen, wenn die Realität eine andere ist. Das ist nicht zwingend so, wenn ein Board nur elektronisch verfügbar ist. Im schlimmsten Fall geraten die Boards im Nirvana der IT-Syteme in Vergessenheit und verschwinden komplett aus dem Blick. Was hier hilft sind verbindliche Workflows und Besprechungs-Routinen, die den "Stand der Dinge" immer wieder ins Bewusstsein heben.

Die Kanban-Prinzipien

Kanban hat insgesamt vier Prinzipien, die hier beschrieben werden sollen.

1. Starte mit dem was du jetzt machst

Keine langen Vorbereitungen, sondern den IST-Prozess einfach von links (unfertig) bis nach rechts (fertig) in einer Spaltenlogik abbilden und dann die Status aller kommenden und aktuellen Aufgaben mit einem Kärtchen markieren. Alles was Sie für ein (einfaches) Kanban-Board benötigen ist ein queer liegendes Flipchartpapier, die ein oder andere Spalte (z.B. mit den Überschriften "Themenliste", "Next", "To Dos", "In Arbeit", "Wartend", "Abgeschlossen". Dann werden die Kärtchen mit den Aufgaben beschrieben und in die entsprechenden Spalten geschoben. Die WiP-Limits sind besonders bei den Spalten "In Arbeit", auch durchaus auch bei "To Do's" oder bei "Wartend" sinnvoll, um auf diese Weise die aktuelle Arbeit zu begrenzen und eine Überlastung aller Beteiligten zu vermeiden.

2. Verfolge inkrementelle, evolutionäre Verbesserungen

Das Bessere ist des Guten Feind, sagt man. Das gilt auch für die Prozessoptimierungen mit Kanban. Wenn klar wird, dass bestimmte Prozesse suboptional sind, dann werden diese im Konsensprinzip überarbeitet und nach neuen Regeln anders als bisher gehandhabt. Diese Regeln werden sofort auf dem Kanban-Board notiert. Jeder darf, wir können es auch noch schärfer formulieren, jeder hat die Pflicht, die Sinnhaftigkeit einzelner Tätigkeiten jederzeit zu hinterfragen und Vorschläge zur Verbesserung der Prozesse zu machen. Ob die neuen Regeln funktionieren kann jeden Tag erneut hinterfragt und gegebenenfalls auch wieder verändert werden. Auch hier gilt: nichts ist für die Ewigkeit und probieren geht manchmal über studieren.

3. Respektiere initiale Prozesse, Rollen, Verantwortlichkeiten und Job-Titel

Ander als Scrum ist Kanban sehr evolutionär angelegt: das Bessere setzt sich wie oben beschrieben langsam aber sicher durch. Damit kann jedes Team mit Kanban sofort starten, da es zunächst *nur* den Status Quo abbildet und die Visualisierung der Arbeit eine Hilfe für alle bei der Aufgabenbewältigung darstellt. Respekt vor den einzelnen Personen im Team stellt sicher, dass die Abläufe erst dann verändert werden, wenn alle nachvollzogen haben, warum die Dinge so laufen wie sie laufen und alle zu der Auffassung gekommen sind, dass eine bestimmte Verbesserung sinnvoll ist.

4. Sorge für Leadership auf allen Ebenen

Hiermit ist gemeint, dass jeder die Aufgabe hat, wenn erforderlich eine Initiative zu ergreifen. Positive Veränderung ist also nicht einfach die Aufgabe von "denen da oben", sondern alle sind aufgerufen, ihren Teil zu einer positiven Veränderung beizutragen, unabhängig an welcher Stelle einer Hierarchie sich jemand befindet.

Dieses Prinzip haben sehr innovative Unternehmen wie der US-Elektro-Autobauer Tesla inzwischen auch zur generellen Direktive erhoben: "Anyone at Tesla can and should email/talk to anyone else according to what they think is the fastest way to solve a problem for the benefit of the whole company," (Kane, 2017). Ins Deutsche übersetzt also in etwa: "Jeder darf und soll zu jeder Zeit jeden per Mail oder persönlich ansprechen, um ein Problem zu beheben, dessen Behebung für das gesamten Unternehmen nützlich ist." Das passiert bei Kanban idealerweise täglich zumindest auf Ebene der einzelnen Teams.

Die Kanban-Praktiken

Neben den vier Kanban-Prinzipien gibt es auch Kanban-Praktiken, die sehr klar machen, auf was es in der täglichen Praxis ankommt, wenn man Kanban erfolgreich einsetzen möchte:

1. Mache die Arbeit sichtbar ("Visualisierung")

Der zentrale Leistung von Kanban ist die Visualisierung von Arbeit. Von links nach rechts wird der Arbeitsfluss sichtbar gemacht.

2. Limitiere den WiP ("Multitasking vermeiden")

Der "Work in Progress" (kurz WiP) ist eine der zentralen Stellgrößen, um den Arbeitsfluss zu optimieren. Multitasking gilt es dabei, auf allen Ebenen zu vermeiden.

3. Manage Flow ("Manage the work and not the worker")

Den Durchsatz zu optimieren und dabei maximal wertschöpfend und gleichzeitig flexibel zu bleiben ist, ist hier der zentrale Ansatzpunkt.

4. Mache Prozesse-Regeln sichtbar ("Make rules transparent")

Der Anspruch von Kanban ist neben der Visualisierung Ader Arbeit auch die Transparenz was Prozesse betrifft. Alles was einer gewissen Regelhaftigkeit folgt, wird auf den Kanban-Board skizziert.

5. Geeignete Modelle zur Prozessverbesserung nutzen ("Improve in litte steps")"

Die Engpass-Theorie von Goldratt ist z-.B. ein Modell, dass es erlaubt, Optimierungen vorzunehmen: Wo ist unser Engpass? Wie gehen wir optimal mit ihm um? Was müssen wir heute tun, damit der Engpass uns nicht lahm legt. Was müssen wir morgen tun, um den Engpass grundlegend zu beseitigen?

Die Kanban-Werte

Für Kanban gilt noch einmal ein eigenes Set an Werten, das die fünf zentralen Scrum-Werte Mut, Commitment, Fokus, Respekt und Offenheit (vgl. Kapitel 5) in einigen Punkten ergänzt. Hier sind die folgenden spezifischen Kanban-Werte zu nennen:

* Vereinbarung,
* Respekt,

* Balance,
* Flow,
* Kooperation,
* Führung,
* Kundenfokus,
* Transparenz und
* Verständnis.

Hieraus wird ersichtlich, dass Kanban die Arbeit in eine dynamische Balance bringt, um den Kunden optimal bedienen zu können. Transparenz und Verständnis erlauben es, dass alle sich der gemeinsamen Führungsaufgabe bewusst sind, das System fortwährend zu verbessern.

Wichtige Kanban-Metriken

Für die Optimierung ist es auch hilfreich, immer mal wieder einen Blick auf die wichtigsten Metriken zu werfen. Mit welchen Metriken kann man den Fluss der Arbeit optimieren?

Nun, diese sind z.B.

* Durchsatz,
* Termintreue,
* Anzahl blockierter Tickets,
* Anzahl der im Test gefundenen Fehler,
* Anzahl der vom Kunden gefundenen Fehler,
* Aufwand zur Fehlerbeseitigung, etc.

Letztlich ist jedes Kanban-Team aufgefordert und damit in Sinne der Selbstorganisation selbst dafür verantwortlich, weitere sinnvolle Metriken zu definieren und diese zu verfolgen, um den Fluß der Arbeit noch besser zu machen.

Gemeinsamkeiten von Kanban und Scrum

Beide Frameworks verwenden einen „Pull"-Prozess: bei Scrum geht dies über das Commitment, bei Kanban über den Workflow.

Beide Frameworks begrenzen den Work in Progress ("WiP"): bei Scrum geschieht das durch das Sprint Backlog in jedem Sprint, bei Kanban zu jedem Zeitpunkt durch das WiP-Limit in der "Doing"-Spalte.

Beide Frameworks setzen auf Transparenz, um Prozessverbesserungen anzustoßen. In Scrum vor allem durch die Dailys und die Retrospektiven, in Kanban kontinuierlich, indem Regel hinterfragt, diskutiert und singhaft geändert werden.

In beiden Ansätzen geht es zentral darum, release-fähige Produkte bzw. veröffentlichbare Arbeitsergebnisse frühzeitig und häufig zu produzieren und in beiden Ansätzen sind selbstorganisierende Teams ein integraler Bestandteil der Arbeit.

Beide Frameworks erfordern, dass die Arbeit in Teile zerlegt wird und dass der Release-Plan auf der Basis empirischer Daten fortwährend angepasst. Im Fall von Scrum geht das mittels der *Team-Velocity, *("Geschwindigkeit"), in Kaban über die *Lead Time* ("Durchlaufzeit").

Literatur-Tipps

Darstellungen zu Kanban, die über dieses Kapitel hinausgehen, finden sich bei Nowotny (2016) sowie bei Leopold & Kaltenecker (2012).

#

Kapitel 4: Innovation im Kontext der Digitalisierung: Design Thinking und Lean Startup

Mit Design Thinking und dem Lean-Startup Ansatz wird sichergestellt, dass nicht nur umgesetzt wird sondern auch neue Ideen entstehen. Und zwar im Team. Während Design Thinking den Schwerpunkt auf dem Gedanken der Empathie für die Zielgruppe hat, versucht man mittels Lean Startup das Interesse von echten Kunden zur Weiterentwicklung von Produkten zu nutzen.

Design Thinking

Das Design Thinking lasst sich zunächst strukturell über ein Phasenmodell verstehen und erklären. Auch wenn die verbreiteten Modelle alle sehr unterschiedlich zu sein scheinen, am Anfang steht stets die Phase des emphatischen Einfühlens.

Emphatisches Einfühlen

In der ersten Phase geht es darum, ein Gefühl für die besonderere Sichtweise einer spezifischen Zielgruppe zu erreichen. Das Mittel der Wahl ist hierbei das sogenannte emphatische Interview: Was höre ich zwischen den Zeilen? Wo sind die wirklichen Bedürfnisse meiner Zielgruppe? Wo finde ich einen konkreten Bedarf, der bisher noch niemandem ins Auge gefallen ist?

Point of View (PoV)

Der Point Of view (kurz "PoV") ist ein bedeutsamer Punkt, von dem sich eine (Neu-)Produkt-Entwicklung zielorientiert nach vorne denken läßt. Für die Phase der Ideenfindung wird hier die Herausforderung definiert. Im Point of View werden drei Dinge kombiniert: Der Nutzer, das Bedürfnis und eine Erkenntnis. Typischerweise wird für die Formulierung der folgende Lückentext eingesetzt:

[**Nutzer**] benötigt [**Bedürfnis**], weil [**überraschende Einsicht**].

Kreativitätstechniken

In der Phasen Lösungssuche kommen in aller Regel unterschiedliche Kreativitätstechniken zu Einsatz. Wir arbeiten zum Beispiel gerne mit dem SCAMPER-Modell (vgl. Scherer, 2007):

Substitute: Was kann ersetzt werden?

Combine: Was kann miteinander verbunden werden?

Add: Was kann hinzugefügt werden?

Modify: Was kann modifiziert (vergrößert/ verkleinert) werden?

Put to other uses: Welche Möglichkeiten gibt es, einzelne Elemente anders zu nutzen?

Eliminate: Was kann gestrichen werden?

Rearrange: Was kann in eine andere Reihenfolge gebracht werden?

Prototypen bauen

Was gewagt klingt, ist zunächst einmal ein lustvolles Unterfangen, dass auf den zweiten Blick auch äußerst nützlich sein kann: aus einfachen Materialen werden erste Prototypen gebaut, die dann der Zielgruppe bzw. dem Auftraggeber vorgeführt werden. Neue Ideen, die dann entstehen, können dazu führen, dass der Prozess mehrfach durchlaufen wird bzw. einzelne Prozess-Schritte wiederholt werden.

Die Phasenmodelle

Die Basis eines jeden Design Thinking Ansatzes ist ein passendes Phasenmodell. Die Anzahl der Phasen ist je nach Anbieter unterschiedlich. Das tut jedoch nichts zur Sache. Hier finden Sie ein Modell, das wir sehr gut nachvollziehen können (vgl. Gerbstbach, 2016), aber auch andere Modelle haben mitunter ihre Vorzüge. Hier also das vierstufige Modell:

1. Phase: Einfühlen

2. Phase: Definieren

3. Phase: Generieren

4. Phase: Experimentieren

Der Charme des Lean Startup

Vordenker Eric Ries

Wie kein anderer ist der Name Eric Ries mit dem Gedanken des Lean Startups verknüpft. Er hat vielen Startups einen neuen Weg aufgezeigt, nicht am Markt vorbei sondern mit Hilfe der ersten Kunden Produkte zu entwickeln, die wirklich genutzt werden. Dabei arbeitet Eric Ries stets mit zwei zentralen Konzepten, die hier zum besseren Verstädnnis kurz erläutert werden sollen: das Minimal Viable Product ("MVP") und das A/B Testing.

Minimal Viable Product ("MVP")

Unter einem MVP versteht man ein minimal lebensfähiges Product. Das ist ein Produkt, das über zentrale Eingenschaften verfügt, die auch Kunden schätzen. Alles andere ist jedoch noch nicht festgelegt und kann ja nach erkannten Kundenpräferenzen jederzeit geändert werden.

A/B Testing

Mit A/B Test werden Versuche umschrieben, bei dem die Nutzer in zwei Gruppen aufgeteilt werden, die dann jeweils etwas anderes zu Gesicht bekommen. So läßt sich überprüfen, welcher Produktvariante einer Zielgruppe besser zusagt. A/B Testing arbeitet wie auch das MVP mit realen (ersten) Kunden, und ist daher ein Vorgehen, dass sich von der klassischen Marktforschung deutlich abhebt, den diese fragt zumeist ob eine Kunde ein Produkt kaufen *würde*.

Literatur-Tipps

Darstellungen zu Design Thinking und Lean Startup, die über dieses Kapitel hinausgehen, finden sich bei Nowotny (2016) sowie bei Gerstbach (2016) sowie bei Ries (2013).

Kapitel 5: Die wichtigsten agilen Werte

Zur Abrundung an dieser Stelle die wichtigsten agilen Werte. Die Impulse eines guten agilen Coachs sind oft das Salz in der Suppe des agilen Arbeitens. Und diese entstehen oft aus neuen Interpretationen und Gedanken zu den agilen Werten. Und diese Impulse sind wichtig, denn ohne Anstöße wie das Team noch besser werden kann, macht agiles Arbeiten nur halb soviel Spaß!

Speziell für Scrum gibt es fünf zentrale agile Werte, die jeder gute agile Coach in der Regel verinnerlicht hat:

Offenheit

Scrum als empirisches Vorgehen benötigt Offenheit, auf deren Basis informierte Entscheidungen getroffen werden können. Es geht um die Bereitschaft des Einzelnen, sich auf neue Praktiken, Techniken und Denkweisen einzulassen, diese auszuprobieren und so zu neuen Erkenntnissen zu gelangen.

Mut

Um sich den Herausforderungen und Risiken stellen zu können, die sich durch Veränderungen ergeben, braucht es Mut. Auch für die Selbstorganisation ist Mut erforderlich: die Teammitglieder müssen stets die Konsequenzen ihrer Entscheidungen kennen, selbst wenn sie nicht über alle Fakten und Details verfügen und sich die Umweltbedingungen stetig ändern.

Commitment

Ein wesentlicher Aspekt von Scrum ist, das das Team innerhalb einer jeden Sprint ein bestimmtes Zwischenprodukt, das Produkt-Inkrement, auch tatsächlich liefert. Der psychologische Mechanismus, konkret die Selbstverpflichtung, steigert die Wahrscheinlichkeit, die gefassten Pläne, Vorhaben und Ziele nach Möglichkeit im gegebenen Zeitraum auch tatsächlich zu erreichen.

Respekt

Für eine effektive Kommunikation im Team ist zwischenmenschlicher Respekt eine echte Grundvoraussetzung. Das bedeutet auch, den eigenen Standpunkte zu überdenken, auch wenn man sich inhaltlich im Recht wähnt. Respekt bedeutet auch eine Haltung, die davon ausgeht, dass die anderen mindestens genau so klug sind wie man selbst!

Fokus

Fokussierung ist erforderlich, um das Sprintziel überhaupt zu erreichen, darüber hinaus um die Ergebnis noch weiter zu verbessern. Echter Fokus verhindert auch Ablenkung. Die Kunst, die Menge nicht getaner Arbeit zu maximieren, ist hierbei eine der zentralen Stellgrößen für den Erfolg. So wird über den Wert Fokus Kundenwert erzeugt.

Andere Frameworks

Aber auch die agile Werte unterscheiden sich z.B. für Kanban, und sollen hier nur kurz bekannt werden. Hier kommen die folgenden Werte hinzu:

* Vereinbarung,
* Respekt,
* Balance,
* Flow,
* Führung,
* Kooperation.

(vgl. ansonsten Kapitel 3).

Für Design Thinking und Lean Startup gelten wiederum leicht abweichende Werte-Welten, auf die ein agiler Coach je nach Kontext zurückgreifen sollte, um gezielte Impulse für die agilen Teams geben zu können.

Literatur-Tipps

Darstellungen zu agilen Kompetenzen und einem agilen Pilot, die über dieses Kapitel hinausgehen, finden sich bei Nowotny (2016) sowie bei Lasnia & Nowotny (2018).

Autoren + Kontakt

Valentin Nowotny

Valentin Nowotny ist Agile Coach, Leadership-Trainer und Experte für Verhandlungsführung. Er ist Bestseller-Autor ("Agile Unternehmen: Fokussiert, schnell, flexibel") und hat mehr als ein Dutzend Bücher und unzählige Fachartikel vor allem zum Themenfeld "Agile Organisationen" veröffentlicht.

Valentin Nowotny hat drei universitäre Abschlüsse, einen im Studiengang "Psychologie", einen zweiten im Studiengang "Medienberatung" (beide an der Technischen Universität Berlin) und einen "MBA" (Master of Business Administration) der Anglia Ruskin University in Cambridge (Großbritannien). Zudem verfügt er über eine Zertifizierung zum Professional Scrum Master (PSM), zum Professional Scrum Product Owner (PSPO) sowie eine Professional Scrum (SPS) mit Nexus Zertifizierung, jeweils bei Scrum.org.

Er ist erfolgreicher Trainer, Coach und Vortragsredner mit Trainings, Coaching- und Vortragserfahrung an unterschiedlichsten Orten einschließlich Deutschland, Österreich, der Schweiz, Großbritannien, Frankreich, der Türkei und Indien und hat zudem internationale Trainingsprojekte koordiniert. Valentin Nowotny hat in den Vereinigten Staaten von Amerika, in Großbritannien sowie in unterschiedlichen Regionen Europas gelebt.

Heute ist Valentin Nowotny Inhaber der Trainings- und Beratungsfirma NowConcept® Group Perfect Training Results mit Sitz in Berlin. Er ist ein gefragter Management-Trainer für die Themen Agilität, Führung und Verhandlung.

Alle Kontaktdaten finden sich auf der NowConcept-Website:
http://www.nowconcept.com

Alexander Schaaf

Alexander Schaaf, zertifizierter Scrum Master und Management 3.0 zertifiziert, bewegt sich seit mehr als 10 Jahren im Bereich des agilen Projektmanagements, hat eigene langjährige Erfahrungen in der Rolle eines Scrum Masters und als Projektmanager, z.B. bei der Entwicklung digitaler, agiler Lernumgebungen.

Er ist eine erfolgreicher Agilitäts-Trainer und entwickelt Lernumgebungen und Erklärfilme für die agilen Themenfelder Scrum, Kanban, Design Thinkung, Lean Startup etc. Zudem bietet Alexander Schaaf interessante Webinare und Live-TV Formate für und über die agile Welt an.

Alexander Schaaf ist Inhaber der Firma key2know, welche für namhafte Kunden innovative Lernlösungen spezifiziert, entwickelt und aus Nutzersicht optimiert. Agile Arbeits- und Denkweisen sind nach seiner Auffassung der Schlüssel für die Arbeit von Morgen.

Alle Kontaktdaten finden sich auf der key2know-Website:
http://www.key2know.de

Literatur

Andresen, Judith (2013): Retrospektiven in agilen Projekten: Ablauf, Regeln und Methodenbausteine Carl Hanser Verlag.

Gerstbach, Ingrid (2016): Design Thinking im Unternehmen: Ein Workbook für die Einführung von Design Thinking. Offenbach am Main: GABAL Verlag.

Gloger, Boris (2013). Scrum: Produkte zuverlässig und schnell entwickeln. München: Carl Hanser Verlag.

Gloger, Boris (2016). Scrum Thing big: Scrum für wirklich große Projekte, viele Teams und viele Kulturen. München: Carl Hanser Verlag.

Kane, Libby (2017): In internal Tesla memo, Elon Musk says the way most companies communicate is 'incredibly dumb'. Blog-Beitrag vom 30.08.2017. http : // www . businessinsider . de / tesla - elon - musk - how - to - communicate - 2017 - 8.

Lasnia, Marko & Nowotny, Valentin (2018). Agile Evolution: Eine Anleitung zur agilen Transformation. Göttingen: BusinessVillge Verlag (im Druck).

Leopold, Klaus & Kaltenecker, Siegfried (2012): Kanban in der IT: Eine Kultur der kontinuierlichen Verbesserung schaffen. München: Carl Hanser Verlag.

Nowotny, Valentin (2016): Agile Unternehmen: Fokussiert, schnell, flexibel. Nur was sich bewegt, kann sich verbessern. Göttingen: Business Village.

Nowotny, Valentin (2017a): Agile Strukturen: Erfolgsmodelle der Zukunft: Neue Geschichten aus der agilen Welt. Berlin: Independent publishing.

Nowotny, Valentin (2017b): Agile Führung: Leadership 4.0. Die besten Führungs-Tools für das 21. Jahrhundert. Berlin: Independent publishing.

Ries, Eric (2014): Lean Startup: Schnell, risikolos und erfolgreich Unternehmen gründen. München: Redline Verlag.

Scherer, Jiri (2007): Kreativitätstechniken: In 10 Schritten Ideen finden, bewerten, umsetzen. Offenbach am Main: GABAL Verlag.

21050728R00028

Printed in Poland
by Amazon Fulfillment
Poland Sp. z o.o., Wrocław